はじめまして
わたしの名前は ミー子
三毛猫のミー子
長楽寺にいる てらねこ
長樂寺

このお寺で ただ毎日を生きて
しあわせに暮らしてる

ちょっと寄っていかない？

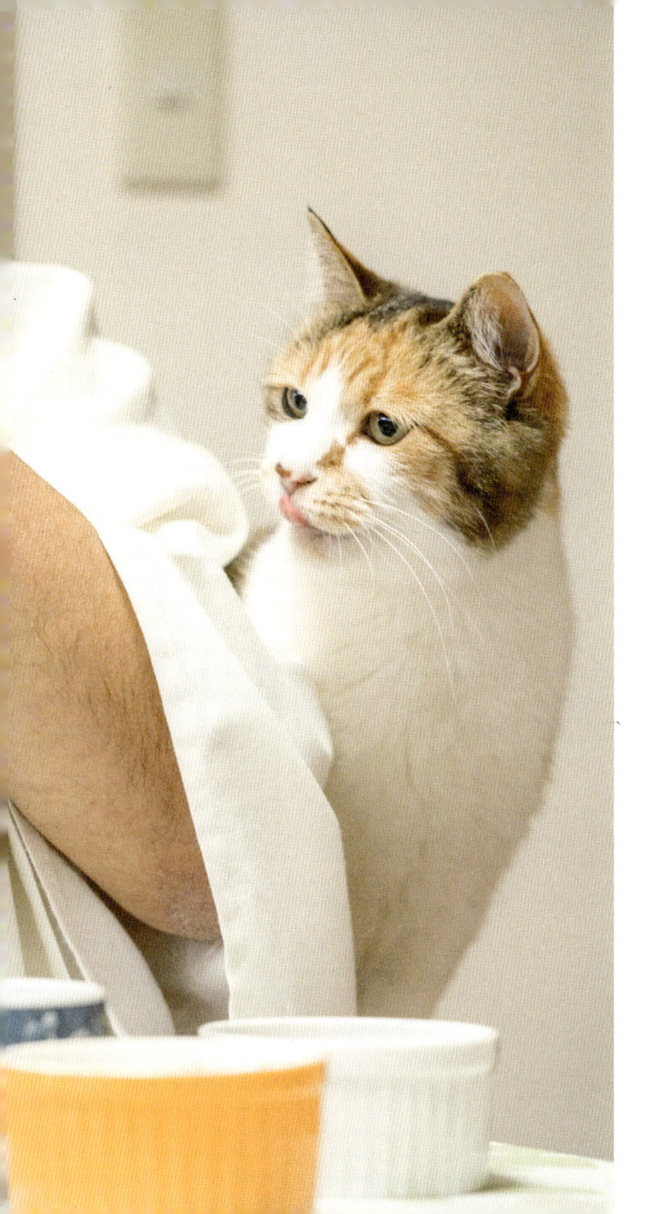

お寺の朝食は 毎日とってもにぎやか！
「人間が食べてるんだから
　ねこだって食べたいだろう」って
ねこ用のおやつも用意してくれている
住職がわたしたちにもおすそわけ

登場ねこ

ミー子

名前の由来は、「ねこと言えばミー子でしょ」というノリから。

母性あふれるみんなの母さん。聞き分けはいいけど、その分お行儀に厳しい。

住職が大好き！　最近、ひーちゃんに住職のおひざを奪われるのではないかと心配している。

ひーちゃん

名前の由来は、アゴの黒い部分がヒゲのようにみえるから。ヒゲ子→ひーちゃんになる。
性格は一人が好きでマイペースなお嬢様。ダンボールは、ワタクシのモノ。
扉は自分で開けられるけど、誰かが開けてくれるのをいつも待っている。

シロ

名前の由来は、からだの白い部分が一番多かったから。甘えん坊なやんちゃ坊主。
細かいことは気にせず、元気いっぱい！　いつもしっぽが立っていてご機嫌。
ごはんを食べるときの気合はいつもすごい。

まー君

名前の由来は、頭の模様が真ん中分け→真ん中分け男→まー君。
人見知りでおっとりさん。きゅるるんビームを発動して、物事を乗り切るタイプ。
たまにブラックな部分を出すことも。

こんなお寺の日常
ちょっとのぞいてみない？
KAGA

長楽

浄 財

ある日の長楽寺の日常

@nasu_chourakuji

朝から猫まみれ。

かっこつけまー君
住職になでくりまわされる。
ちょっと恥ずかしそう。

思春期？（おっさんです）

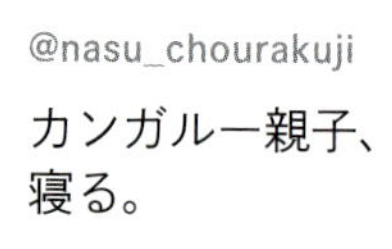

@nasu_chourakuji

カンガルー親子、
寝る。

@nasu_chourakuji

団子三兄弟。

@nasu_chourakuji

夜、急に
団子が食べたくなりました。

自分も～ と
ウソ寝住職がやってきました。

那須町にある長楽寺は
今日ものんびりしています。

おてらのひとりごと＃1

ミー子との出会い

　いきなりですが、こういう仕事をしていると、よく悩みを打ち明けられます。すべて解決できるわけではないですが、一度心を決めたなら最後まで気持ちを受け止めたい。そう思って、皆さんに接してきました。それは猫だっておなじ。ミー子が小学校に捨てられていたとき、その周りを子どもたちが囲んでいました。ところが、その気になったミー子がついていくと、追い返している。そのとき「飼う気がないならかまうんじゃない。期待するに決まっている」と叱りました。命を預かるって、そういうことだと思うのです。半端な気持ちで引き受けてはいけないのです。

　まだ手の平に乗るほど小さいのに、必死にしがみついてきたミー子。ミー子からしたら、生きることに必死だったのでしょう。期待して裏切られ、それでも目の前の希望に手を伸ばしている姿を見過ごすことはできませんでした。いざ、一緒に暮らしてみたらこれが大変大人しい。名前を呼んでも返事をせずにしっぽを３回振る。布団の上でトイレを済ませるので病院に行ったら、膀胱炎だと言われて、きれいな場所でしたがるからトイレは2つ。もとは飼い猫だったのかもしれませんね。

わたしは

お寺のお母さんに拾われたの

あのときは寂しくて

お腹が空いていて

必死に目の前のモノにしがみついた

お母さんはその手をとってくれた

お寺が わたしを受け入れてくれた

居場所があるってね

とってもあたたかいのよ

そして住職に出会ったの

住職のお仕事は 命をまっとうした人をお送りして

残された人たちの気持ちを見守ること

だからかな わたしたちのことも優しく

見守ってくれているわ

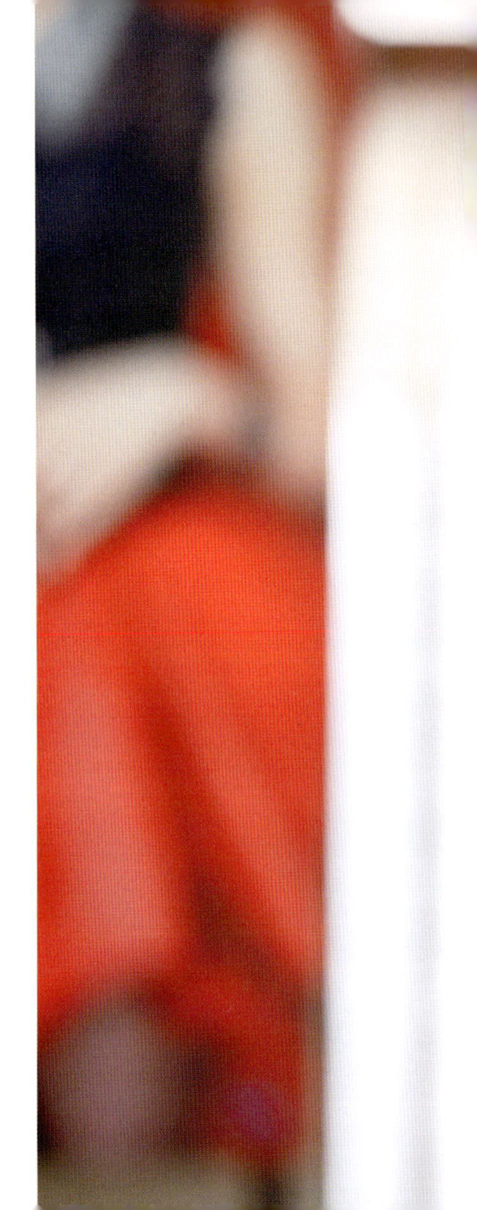

相手の気持ちをくみとってお話するのも
住職とお寺のお母さんの大事なお仕事
だれかがいなくなっても
どう感じるかは
みんなそれぞれ違うから

わたしのお仕事？
もちろん 住職のおひざに乗ることよ

お寺はね すべてに開かれた場所なんですって

誰でもきていいし 心のよりどころになる場所

いろんな人がくるから わたしもなれて
おもてなしもお手のもの

わたしがいると
いつもよりほんの少し
心を開いてくれるみたい

「こんにちは 猫に会いに来ましたか？」

住職の声が聞こえたら わたしもおでむかえ

最近 ちょっと忙しいのよ

長樂寺

おてらのひとりごと#2

悲しみの寄り添い方

お寺と切っても切り離せないのが、生との別れです。その場面に直面している人がいたら、つらさを察しつつも、安易な声がけはしないと心がけています。

真言宗にある「真言」とは、「真実の言葉」のことですが、物事の真実を見極めるのは実に難しいこと。同じ家族を亡くした方でも、人によって感じ方は千差万別で、自分には「正面」に見えることも、他の人には「後ろ」であることも多々あります。だからこそ、軽々しく言葉を発することはせず、もし相手がつらい気持ちを打ち明けてきたら、その気持ちにできる限り寄り添うようにしています。

これは、ペットロスのお話にもつながりますね。ペットは、飼い主にとっては大事な家族。その悲しみは計り知れません。物事の大小にかかわらず、その悲しみはその人だけの感情。他人が決めつけるものでは決してありません。もしその方が誰かの助けを必要としたときには、しっかりと受け止められればと思います。また、ペット供養の方法について悩まれる方がいますが、必ずしも墓を作るのではなく個々人に合った供養で良いと考えています。自分にとって無理のない範囲で、偲ぶ場所を作ることができれば十分です。

子どもを産んだのは
お寺にきてから１年たったころ
わたしは「ミー子母さん」になった

いつの間にか住職のおふとんでね

安心できたのよ

チーム ガツガツ食べ隊

お行儀よく食べられるか
見守るミー子母さん。
固まるシロ

ごはんないかな～。
ミー子お母様からは
たまに教育的指導も

長楽寺の大奥。
今日も静かな戦いが
繰り広げられているそうな……

ご側室（ひーちゃん）を
眼力で退ける御台所様（ミー子母さん）

殿（住職）に
アピールするご側室

ただただ見守る従者たち

圧をかける御台所様に対し、
平然と受け流すご側室

ご側室一歩リード!?

さいごはおひざをゲットして、
一緒に新聞を読む御台所様

なんだかんだ仲良し

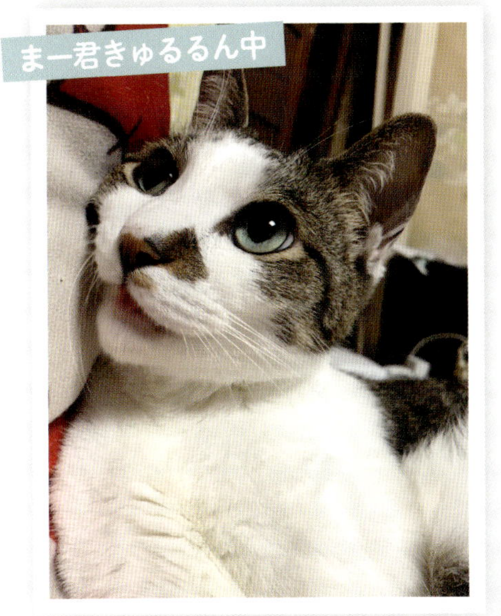

まー君きゅるるん中

でもたまにブラック

ちゃっかりおひざをゲットするシロ。
うしろのミー子母さん……

住職に吸われる
シロとひーちゃん

おてらのひとりごと＃３

子猫のしつけ

うちには先住猫がいなかったので、人間が猫のようになって、ミー子に猫であることを教えました。やってはいけないことをしたときに、母猫がやるように首の後ろをガブリとしたときもありましたね。人間が人間として扱われたいのと同じように、猫も猫として扱ってほしいのではないでしょうか。そう考えて接してきました。

猫を増やすつもりはなかったのですが、あるときミー子のお腹が日に日に大きくなったので、せっかく宿った命なら産んでもらおうと決心しました。きれい好きのミー子のためにお産箱を４つも作ったのですが、腕のなかでグルグルとノドを鳴らし始めたと思ったら、そのまま人間の布団の上で産んでいました。せいぜい４匹かと思ったら６匹も。３匹はご縁があって新しい家に旅立ちましたが、ひーちゃん、シロ、まー君は寺で引き取りました。子猫のしつけはミー子の役目。小さいうちにしっかりと叱ったから、それを子どもたちにも教えたのでしょう。親から子へ伝わっているように思います。とはいえ、4匹とも実はまだまだいたずらはしますけど(笑)。そこはやはり猫らしさですね。

台所からは おいしいにおい

ヨーグルト

おはようございます！
ごはんください

住職の朝ごはん。
ねこ全のせ。ねこましまし。です

ごはんまだかな……

毎日起きる
住職のおひざ争い

食べたらお出かけなの?

満足にゃんこ

おすそわけは
ワタクシのもの!

お寺のお母さんはいつも

気ままなわたしたちをかまってくれる

おしゃべりのシロに「うんうん」って

相づちをうつのも 毎朝のこと

からだは忙しくても口だけは動かせるから ですって

お寺のお母さんは ごはんを食べているところをいつもパチリ
何をしているの

みんな なんでわたしの寝相のわるさを
知っているのかしら
なんだか 最近 周りがさわさわ

ある日の長楽寺の日常

@nasu_chourakuji

たまに 寝相がこんな感じ。

@nasu_chourakuji

おもちは
両面 良くやきましょう。

@nasu_chourakuji

長楽寺 早朝ツイート会議
議題
ミー子母さん寝相問題について

息子にまで及んでいる
この案件については
早急な対応を
検討したいと思います。

@nasu_chourakuji

おはようございます。

正面からの戦法だけでは
住職の膝上争奪戦には
勝ち残れないのです。

果報は寝て待ちますわ。

おやすみなさい。

@nasu_chourakuji

チュパチュパタイムが
終わると 寝ます。

もう 赤ちゃん。

おてらのひとりごと＃４

Twitterをやっています

朝のお勤めと同じように、朝のつぶやきも、よほどのことがない限り毎日アップしています。猫たちの「おはようございます」という挨拶や、境内に咲くお花の写真など、朝６時半ごろから準備して７時にはお届けできるように。Twitter を始めてから、「通勤前に元気をもらってます」「長く生きていた猫がシロに似ていました」など、お返事をいただくことがありがたいですね。どんな言葉でも、長楽寺に気持ちを向けてくださっているだけで嬉しいことです。様々な方との出会いが、Twitter を通して広がっています。数年前までは考えられないことでした。

Twitterでは、特に言葉の使い方に気を配っています。言葉は難しいです。伝えたいことが時にうまく伝わらないことも、多々あります。だからこそ、あえて曖昧なままお伝えしてもいいんじゃないかと考えています。「曖昧」というと、それこそ言葉が悪く聞こえるかもしれませんが、そのときに伝えたいこと、空気というのは、時として言葉にすると強すぎることもあるのです。そういうときは、誠実に、ふんわりと、柔らかく。相手を尊重しながら、言葉を大切に選んでいます。

毎朝どこへ出かけているのかは 住職もお寺のお母さんも知らないの
お散歩はわたしだけの時間だから

今日は特別よ
一緒に連れて行ってあげる

お地蔵さんの隣をぬけて 大きな原っぱへ

葉っぱのにおいをかいで
川の流れを見守りながら うとうと

毎日 じぶんのためだけに時間を使っている

住職のおすそわけをたべて

住職のおひざにのって

気ままにお散歩して

日向ぼっこしながらお昼寝して

毎日やりたいことはたくさんあるのよ

じぶんのキゲンは

じぶんでとらなきゃ

土足厳禁

ひーお嬢様。
おめかしです

ぎう。

このくらいの寝相なら
許していただけますか

親子は仲良しですよ

ケンカ？をする息子たち

まだまだ、
お母さんが恋しいみたいです

いつもいっしょなおっさんズ

鼻チュ

ねこ警備中!!
だれかいるかな?

いいおしり

だるん

ごはん!の勢いが
すごいシロ

何匹いるでしょう？

ねこ会議中

懐がふかい住職

大好きがあふれる

寝たいときに寝る

食べたいから食べる

わたしはいつだって生きることに素直

でも ニンゲンは素直になれないことがあるんですって

なんだか難しいのね

だから

わたしはそっとそばにいたり

お話したりするの

だって 居心地良くなきゃ わたしがいやだもの

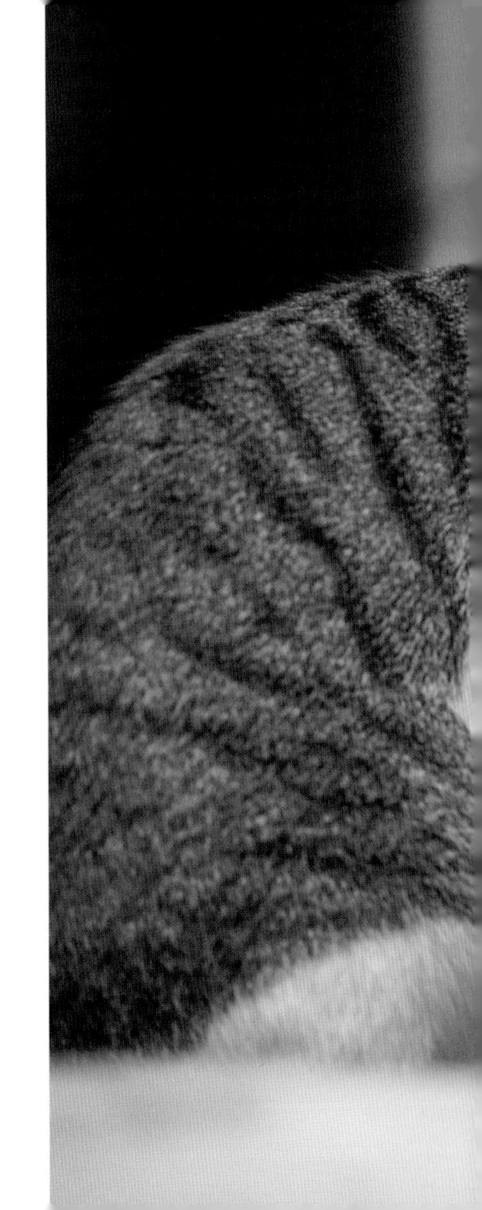

おてらのひとりごと＃5
家族

猫は家族かと問われれば、やっぱり家族。だから、お互いストレスなく暮らせるように、譲歩もしています。食べ物を隠しておくなども大事なルールですね。手の届く場所に置いて、猫が病気になってしまったら人間の責任です。でも、テーブルの上に乗るのはお行儀が悪いから、しっかりと猫を叱ります。そういう手間をかけるのも、家族として一緒に暮らしていくために必要なことですから。猫のしつけは、私たちにとっては普通のことですし、「こちらが我慢している」とはならないようにしています。

そう、ミー子は一緒にいるとき、実はいつも聞き耳を立てているんです。家族を守っているつもりなのかもしれませんね。何かもめごとがあったときには、仲裁に入ろうと鳴いていましたし、考えごとをしていると何も言わずにそばにいてくれます。かと思えば、寒い時期には布団のなかにもぐりこんできたり、膝の上から離れなかったり、子猫のときと同じように甘えてくることも。でも、「もっとしっかりしてほしい」なんて思うことはないですから、やはり人間同士とは違いますね。家族ですが、やっぱり猫は猫。猫という立ち位置で大切な家族なのです。

しあわせの音は
すぐそばに

お寺のお母さんは言うの

「ミー子はフクネコだ」って

ミー子がいたから

たくさんの人に出会えたって

そう わたしとあなたがこうして

見つめ合えているのも

何かのご縁ね

声がきこえる
ふと見たら　となりにいる
わたしのしあわせは ここにいること

わたしのしあわせは
わたしが見つけた
わたしのなかにあった

あなたのしあわせってどんなもの？

いつでも会いにきて

おてらのひとりごと＃６

福猫ミー子

ミー子がなぜ福猫か？ それは、今が幸せと感じるからです。今の長楽寺は、まるでちっちゃなお寺の猫カフェのよう。たくさんのフォロワーさんが、貴重な時間を割いて会いに来てくれます。ミー子がいなければ、皆さんと出会うことは叶わなかった。一つ一つの出会いに感謝しています。

「寺は開かれた場所」と考えています。本来寺というところは、オープンで、誰でも来てよいところ。とは言いつつも、中々入りづらいと思われる方も多いようです。そこで、福猫が一役買ってくれます。ミー子やシロたちが、人と寺をつないでくれる縁結びのような役割を果たしてくれていて、様々な方々が、気軽に寺に足を運んでくださっています。お寺本来の役割を改めて実感しましたね。

お寺の使命として「最期まで看取る」ということを常に意識していて、これはミー子たちも同様です。最後にどうしたいか選ぶのは猫たちですが、できればそのときが来ても遠くに行かずにそばにいてほしいといつも伝えています。せっかく出会って、そして福猫にたくさんの幸せをもらったのですから、最後まで付き添って恩返ししたいですね。

ある日の長楽寺の日常

@nasu_chourakuji

全のせ
…ん？
いっぴき足らん…。

あ、
住職だ。

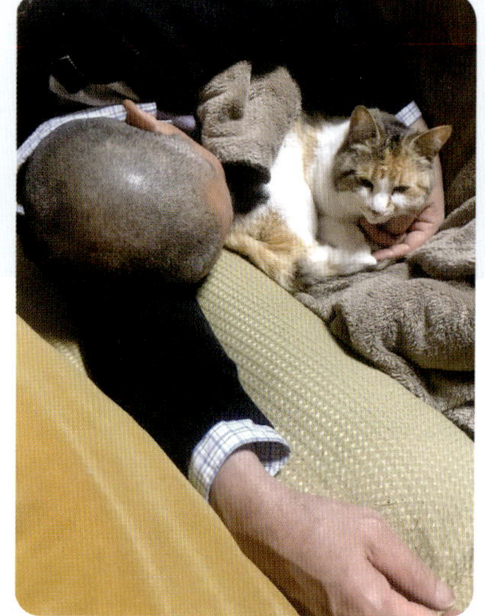

@nasu_chourakuji

昨夜の住職。

お彼岸中は
猫毛まみれで爆睡します。

構ってもらえない
ミー子母さんが怒ってました。

@nasu_chourakuji

入りたい…
でも入れない…

長ダンボールは
住職の書いた塔婆(とうば)がギッシリ。

結局いつものダンボールに
入りました。
塔婆を踏まないルートを
選ぶところが
お寺のニャンコだなぁと
思います。

@nasu_chourakuji

うーん
田舎のヤンキー感が否めない…。

ある日の長楽寺の日常

@nasu_chourakuji

母さんねこカイロ案件。
失敗した模様です。

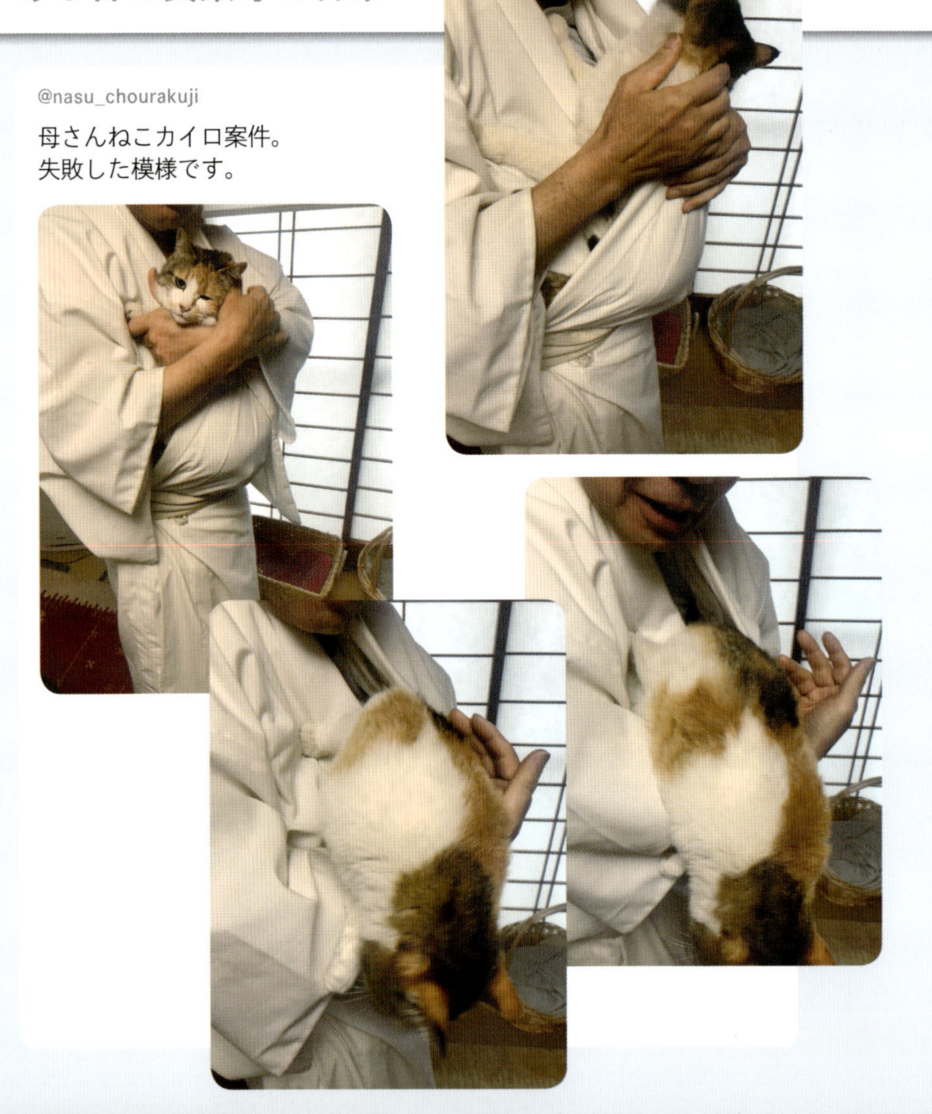

@nasu_chourakuji

夜ごはん。

全のせで
ケーキを食べる住職。

@nasu_chourakuji

お姉ちゃんが
春から
いなくなっちゃう。

わーん。

@nasu_chourakuji

おはようございます。

お姉ちゃんが好きです。

ある日の長楽寺の日常

@nasu_chourakuji

これを
猫可愛がりと言わずして
なんと言う。

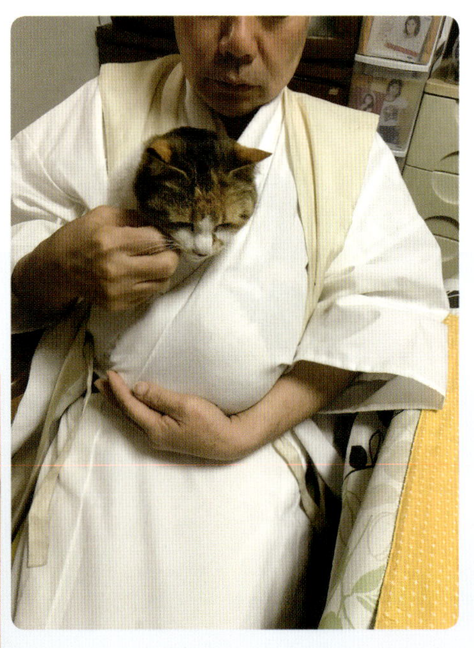

@nasu_chourakuji

本日カリカリ亭でございます。

おかわり
ございます (*´ω`*)

おてらのひとりごと＃7

猫の幸せと尊厳

「猫としての尊厳」は、どこかしらでいつも意識しています。例えばミー子は、普段は先住猫として気持ちが落ち着いていて、子どもたちにご飯を取られても「しょうがない」といった感じで涼しい顔をしていますが、散歩に出られないと、とたんに不機嫌に。外の世界を知っているミー子にとって、それだけ「散歩」は大事なのでしょう。その証拠に、散歩から戻ると、心なしか顔がすっきり。もしかしたら、「散歩は自分だけの特権」と感じているのかもしれません（他の子は、元々家で生まれた子なので、基本的に外に出していません）。住居環境や猫の病気などを考慮した上で判断すべきですが、ミー子にとって「散歩」は幸せに必要不可欠なことなのです。

これは他の子たちも同様です。例えば、実はまー君はああ見えて、抱っこが苦手ですが、家族の膝に乗ることは大好き。シロはおしゃべりにつきあってもらいたい、ひーちゃんはマイペースに生活したい……猫ごとにルールは少しずつ異なるもの。一方的にルールを押し付けるのではなく、猫の気持ちをくみ取って、お互いに心地よい関係性を築いていくことが、私たちと猫の幸せにつながっていると考えています。

編集部補足：ミー子母さんの散歩は、現在は避妊・ワクチンの接種をし、住居環境や猫の尊厳を考慮した上で行なわれています。

ヨーグルト

てらねこ

毎日が幸せになる お寺と猫の連れ添い方

写真　石原さくら／長楽寺

2019年3月20日　初版発行
2021年8月10日　再版発行

発行者　青柳昌行

発行　株式会社KADOKAWA
〒102-8177 東京都千代田区富士見2-13-3
電話　0570-002-301（ナビダイヤル）

文　吉田有希
デザイン/DTP　竹越ななお
特別協力　長楽寺

編集企画　ボイスニュータイプ＆ビジュアルブック編集部

印刷／製本　図書印刷株式会社

●お問い合わせ
https://www.kadokawa.co.jp/（「お問い合わせ」へお進みください）
※内容によっては、お答えできない場合があります。
※サポートは日本国内のみとさせていただきます。
※ Japanese text only
定価はカバーに表示してあります。

ISBN978-4-04-107992-8　C0095　Printed in Japan

御礼と感謝

この度は、本をお手に取ってくださり、ありがとうございます。

「お寺を知ってもらいたいなぁ」とそんな気持ちで始めたTwitterでした。
それがご縁で、たくさんの優しい方々に出会い、
本まで出していただきました。本当に本当に感謝しています。
ありがとうございます。

ミー子たちは、今日も近くで各々好きなように寝たり甘えたりしています。
この子たちが大切な家族になったのは、
一日一日をただ丁寧に連れ添って過ごしてきたからだと思います。
福猫たちに会いたくなったら、いつでもお寺へ寄ってくださいね。
お寺はどなたにでも開かれた場所なのですから。

「ただ生きる」ということを猫に学びながら、
一日をのんびり過ごしています。

長楽寺